멘사 수학 퍼즐

멘사 수학 퍼즐

ⓒ 박구연 , 2018

초판 1쇄 발행일 2018년 4월 20일
초판 2쇄 발행일 2019년 2월 11일

지은이 박구연
펴낸이 김지영　**펴낸곳** 지브레인^{Gbrain}
제작 · 관리 김동영　**마케팅** 조명구

출판등록 2001년 7월 3일 제2005-000022호
주소 04021 서울시 마포구 월드컵로7길 88 2층
전화 (02)2648-7224　**팩스** (02)2654-7696

ISBN　978-89-5979-557-4(03410)

표지 이미지 www.shutterstock.com / www.vecteezy.com
본문 이미지 www.freepik.com / www.utoimage.com

멘사 수학 퍼즐

박구연 지음

MENSA MATH PUZZLE

지브레인

여러분은 어릴 적에 탬버린을 쳐 본 경험이 있을 것이다. 추억의 악기인 탬버린을 지금 치게 된다면 여러분은 어떻게 할 것인가? 아마 손등이나 손바닥, 손가락 끝 등을 이용해 다양한 방법으로 칠 것이다. 반면에 걸음마를 갓 배운 아기는 비록 탬버린을 들 힘은 없을지 모르지만 흥겨운 얼굴로 생각지 못한 방법으로 탬버린을 칠지도 모른다. 이러한 차이는 나이가 들면서 제한된 생각과 경험으로 고착화된 상태에서 탬버린을 치기 때문이다. 퍼즐도 마찬가지로 생각된다. 나이가 들면 사고가 노련해지지만 한편으로는 고정된 생각과 편견으로 인해 푸는 방법을 다양하게 생각하지 못할 수도 있다.

이 책은 그러한 생각의 틀을 벗어나 다양한 방향으로 사고할 수 있기를 바라며 문제를 소개했다. 심심풀이용으로 들고 다니며 풀어도 좋고 매일 규칙적으로 풀어도 된다. 풀다가 해결이 잘 안 되는 문제가 있다면 과감히 넘기고 마음의 여유가 될 때 푸는 지혜도 발휘하길 바란다. 문제를 하나하나 풀어나갈수록 여러분의 지적 향상과 문제해결에도 도움이 되어 줄 것이다.

'오늘의 문제는 어제의 해법으로는 풀 수 없다'라는 명언이 있다. 이 말은 퍼즐을 풀 때와 일맥상통한다. 퍼즐은 새로운 마음가짐으로 대하면 막힘없이 잘 풀어나갈 수 있다. 몸과 마음이 피곤할 때에는 휴식을 충분히 취하고 너무 시간에 쫓기며 급한 마음으로 풀지 말 것을 권한다. 답은 하나여도 푸는 방법은 여러 가지가 있을 수도 있다.

오늘도 내일도 즐겁게 풀어보자. 이 책 속 문제들이 여러분의 아이큐 테스트나 시험성적에 직접 관여하는 것은 아니니 가벼운 마음으로 도전해 보자.

꽃은 차가운 아침 이슬만 마셔도 생기가 돋고 잘 피어난다. 이 책의 지적 탐구와 추리로 여러분의 두뇌가 퍼즐 이상의 분야에서도 발휘되었으면 하는 바람이다. 더불어 평범한 일상에서 휴식처럼 벗어나고 싶은 순간, 기왕이면 창의적인 즐거움을 맛보고 싶다면 《멘사 수학 퍼즐》은 여러분에게 좋은 벗이 되리라 생각한다.

2018년 4월 박구연

CONTENTS

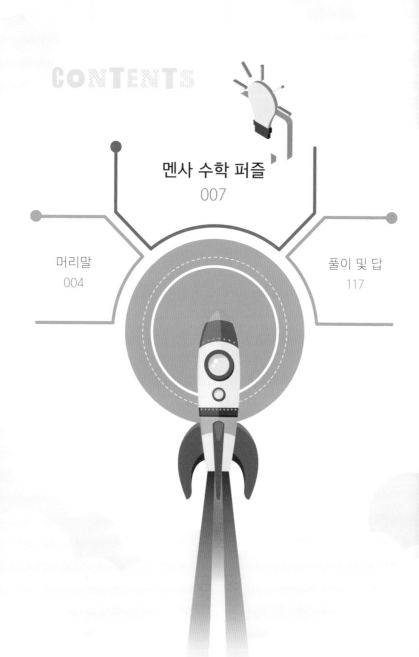

멘사 수학 퍼즐
007

MENSA MATH PUZZLE

멘사 수학 퍼즐

001 숨은 단어 찾기

그림에서 불꽃과 관련된 단어를 찾아보세요.

답 118p

각 요요 안의 숫자는 이어진 줄의 개수입니다. 줄을 연결하여 완성해 보세요.

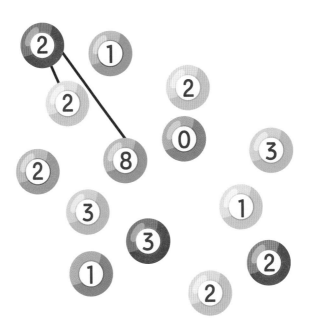

각 문제 사이의 규칙을 찾아 **?**를 구해 보세요.

$$1 \times 3 \times 5 = 353$$

$$3 \times 5 \times 7 = 15217$$

$$9 \times 13 \times 15 = 11713539$$

$$11 \times 13 \times 15 = ?$$

답 118p

디지털 시계의 배열을 보고, **?**에 알맞은 숫자를 구해 보세요.

아래 10개의 한글은 '독'과 '다'를 빼고는 순서가 뒤죽박죽 섞여 있습니다. '독'으로 시작하여 '다'로 끝나는 문장을 완성해 보세요.

독 는 지 의 천 이 서 식 원 다

아래 도형이 의미하는 알파벳을 보고 **?**에 해당하는 답을 보기에서 찾아보세요.

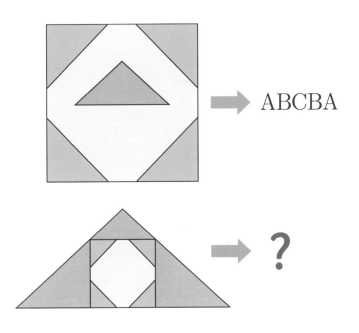

① BABAC   ② CABAC   ③ BACAB

④ ACBCA   ⑤ CBABC

횡단보도

횡단보도 위의 **?**를 구해 보세요.

답 119p

왼쪽 벽돌 그림에 대해 규칙을 알아보고, 오른쪽 벽돌 위의 숫자 **?**를 구해 보세요.

아래의 문양은 총 몇 종류인가요?

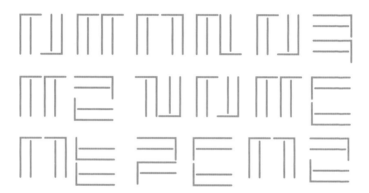

답 120p

?에 알맞은 그림을 그려보세요.

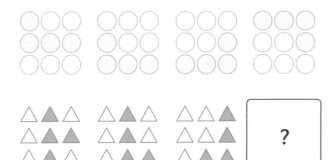

도형패턴

빈 칸에 알맞은 도형을 아래 번호에서 찾아보세요.

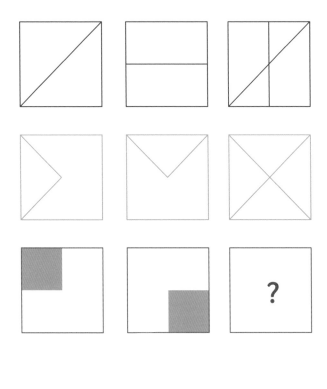

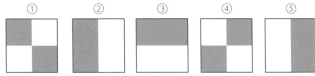

답 120 p

아래 숫자의 규칙대로라면 어떤 트럼프 카드를 뽑아야 할까요?

도형의 표식

A, B에 알맞은 숫자를 써넣어 보세요.

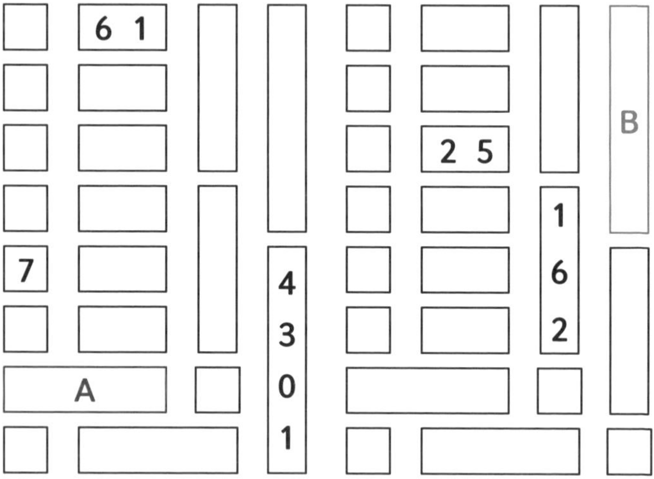

답 120 p

아래 도형의 배열 규칙을 보고, 점선 안에 들어갈 수 없는 도형 배열을 찾아보세요.

①  ② ③ ④ ⑤

아래 그림에는 숫자와 문자가 전부 몇 개 있을까요?

답 121 p

아래 그림에서 삼각형은 모두 몇 개인지 찾아보세요.

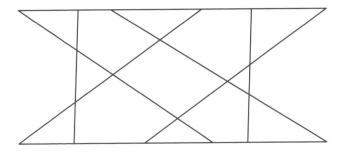

구슬과 탑

아래 그림처럼 여러 개의 상자로 이루어진 탑이 있습니다. 한 개의 상자에는 한 개의 구슬만 들어갑니다. 상자의 위치를 서로 떨어지지 않게만 한다면 옮기는 것도 가능합니다. 하지만 반드시 홀수 층에는 홀수 개의 구슬을, 짝수 층에는 짝수 개의 구슬을 넣어야 합니다. 이 탑은 4층이 없으며 전체적으로 높이는 6층입니다.

오른쪽 문장 중 틀린 문장을 찾아보세요.

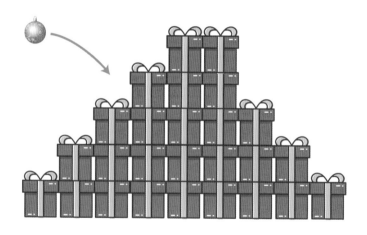

① 탑에는 조건에 맞게 12개의 구슬을 넣을 수 없다.

② 탑에는 조건에 맞게 17개의 구슬을 넣을 수 있다.

③ 층마다 상자를 1개씩 빼면 구슬을 조건에 맞게 넣을 수 없다.

④ 구슬의 개수에 상관없이 상자를 오직 짝수 개로 빼내어야 대칭이 만들어진다.

⑤ 구슬의 개수에 상관없이 상자를 짝수 개로 추가한 후 상자를 몇 개 이동하면 대칭인 탑을 만들 수 있다.

답 122 p

　예술 기획자 하려한 씨는 빌딩 앞에 벽화를 기획 연출하기로 했습니다. 이에 따라 아티스트 유달리 씨에게 벽화의 디자인 작업을 의뢰했는데 만족스러운 결과가 나왔습니다. 그런데 작품을 감상하던 한 관람객이 틀린 그림 1개를 찾아내어 아쉬움이 남게 되었습니다. 여러분도 틀린 그림을 찾아 동그라미로 표시해 보세요.

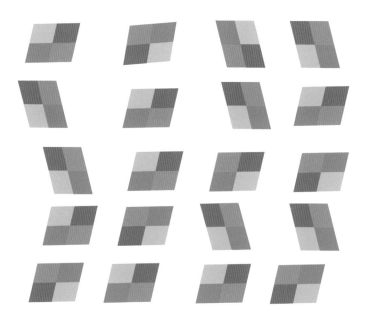

아래의 등식은 거짓입니다. 성냥개비를 이동하여 참
인 등식을 만들어 보세요.

부등식 퍼즐

다음 부등식을 보고 **?**에 알맞은 숫자를 구해 보세요.

793 < 1
658 < 9
125 < 4
765 < ?

답 123p

아래 알파벳의 규칙을 보고 CGKT에 적합한 숫자를 구해 보세요.

AY = 11
BD = 24
AFK = 123
EI = 11
SW = 33
HL = 44
VWY = 231
CGKT = ?

아래 그림은 연필의 앞면과 뒷면을 나타낸 것입니다. 연필은 정오각형이므로 시계 방향으로 앞면의 모습이 보이도록 각을 따라 돌리면 색이 변하지만 모습은 같습니다. 연필 앞면의 모습을 시작으로 시계 방향으로 108번 돌리면 어떤 색이 보일까요?

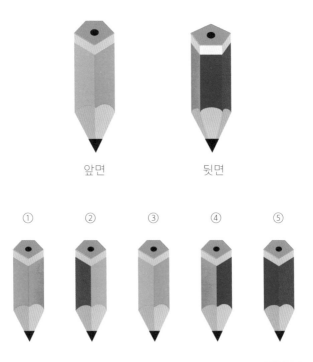

앞면   뒷면

①   ②   ③   ④   ⑤

답 123 p

아래 식빵 조각은 2층으로 구성되어 있습니다. 이 식빵 조각들을 1층으로 재구성하면 영단어가 만들어집니다. 빵과 빵 사이에 틈을 만들어 끼워 넣어서 단어를 재조합하면 어떤 단어가 될까요?

024 영단어 맞추기

5개의 원 안에 있는 그림을 보고, 연상되는 영어를 생각한 후 이니셜을 5개 모아 하나의 단어를 만들어 보세요.

32

답 123 p

반드시 1마리의 무당벌레를 포함하여 각각 5칸씩 되도록 나누어 보세요.

조건문에 따라 아래 도형 다섯 개를 배열해 보세요.

· 빨간 도형과 노란 도형 사이에는 두 개의 도형이 있다.

· 회색 도형과 화살표 모양의 도형 사이에는 두 개의 도형이 있다.

· 정육면체 왼쪽에는 어떠한 도형도 없다.

· 타원의 왼쪽에는 칠각형이 있다.

답 124p

구슬 색에 맞는 숫자는 0, 1, 2입니다. 구슬의 숫자를 찾아 곱셈식을 완성해 보세요.

시계가 상징하는 숫자

아래 시계는 시침과 분침, 초침이 나타나 있습니다. 시침과 분침, 초침을 보고 규칙을 찾아 **?**에 알맞은 숫자를 써 보세요.

답 **124** p

아래의 여섯 경기 종목 중 특성이 다른 하나를 찾아 보세요.

태권도　　육상　　권투　　유도　　핸드볼　　펜싱

답 124 p

왼쪽 전개도에 그려진 선을 보고 오른쪽 겨냥도에 선을 그려보세요.

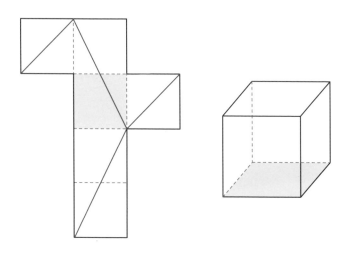

답 124p

아래 네 개의 자음 다음에 올 자음은 무엇일까요?

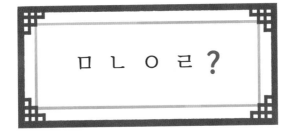

동물 숫자

세 동물의 명칭을 영어로 나타낸 숫자가 있습니다.
PIG가 의미하는 숫자를 구해 보세요.

PANDA
36

FOX
45

DOG
26

PIG
?

답 125p

'송금하다'라는 뜻을 가진 영단어 remit가 있습니다.
단어를 재구성하여 다른 단어를 만들어 보세요.

입체도형을 정면으로 투사하면 어떤 그림자 모양이 나올까요?

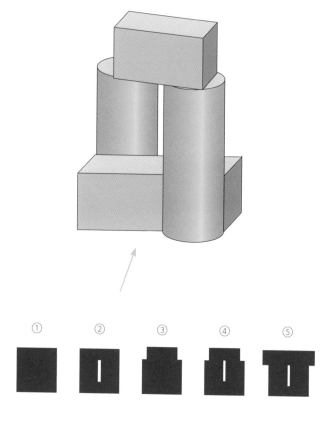

① ② ③ ④ ⑤

답 125p

아래 그림에서 노란 원과 빨간 원의 패턴을 보고 마지막 여섯 번째 그림에 맞는 색을 칠해 보세요.

?

답 125p

원의 개수

원의 개수는 모두 몇 개일까요?

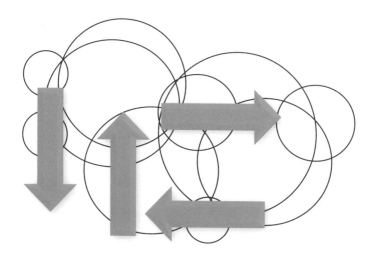

답 125 p

성질이 다른 그림 하나를 찾아보세요.

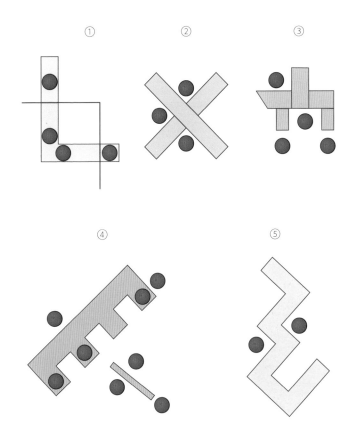

① ② ③

④ ⑤

답 125 p

해골 동굴의 암호

정훈이는 해골동굴의 중요한 보물창고의 열쇠를 갖게 되었습니다. 하지만 보물 창고의 문을 열기 위해서는 먼저 암호문으로 된 퍼즐을 풀어야 합니다. 여러분이 암호를 풀어 **?**를 맞춰보세요.

답 125 p

?에 알맞은 수를 구해 보세요.

2 → 6
4 → 60
5 → 120
6 → ?

답 126 p

아래 세 개의 말풍선 속 자음과 모음으로 각각 단어를 완성한 뒤, 연상되는 단어는 무엇인지 말해 보세요.

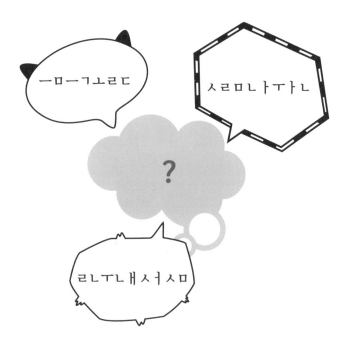

답 126p

?에 알맞은 숫자를 구해 보세요.

3	5	9	2	6
1	3	8	6	7
2	9	7	3	4
5	6	9	4	1
4	9	3	?	6

답 126 p

다음 단어에서 규칙에 따라 **?**에 알맞은 숫자를 구해 보세요.

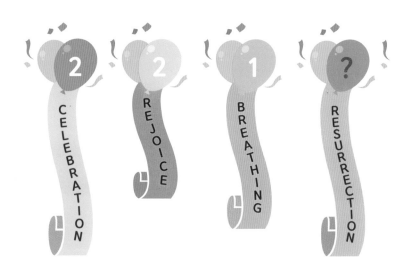

답 126p

정육각형 6개로 물개의 모습을 만들어 보세요.

아래 종이를 순서에 따라 세 번 접으면 어떤 모양이 나올까요?(화살표 방향으로 ①, ②번은 뒤로 접고, ③번은 앞으로 접으세요)

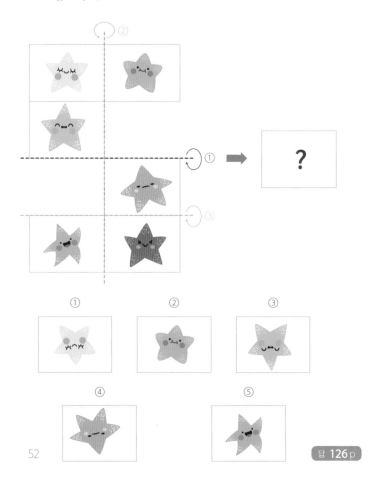

52

답 126p

살인 사건 용의자 045

어느 지역에 살인 사건이 벌어졌는데, 별다른 외상이 없는 질식사였습니다. 그런데 피살자의 배에는 정사각형의 사인이 그려져 있었습니다. 배에 그려진 정사각형은 다잉메세지였으며, 바닥에 그려져 있는 정사각형 테두리 안에 피살자는 누워 있었습니다. 며칠 후 5명의 용의자를 심문했지만 별다른 특이점은 없었습니다. 그들은 피살자와 지인관계였지만, 누가 더 가까운 사이였는지에 대한 단서도 찾지 못했습니다. 그들은 범행 시간에 각각 알리바이가 있었다고 주장합니다. 다잉메세지를 통해 피살자는 범인에 대해 어떤 실마리를 남긴 것일까요?

① 교사　② 군인　③ 연기자
④ 화가　⑤ 소방관

답 127p

타원 안의 그림을 보고 연상되는 영단어를 나열된 알파벳에서 찾아 줄을 이어 보세요.

A G B T Y U I P D U W Q P N M V C O O

E R T Y S E W H J P X J M X Z U O Z W

W E E Y I   S O A P

Z E B R   H I Q

X C N B   A B N

S A E Q   V E R

D S E I S   P L P A R

L H W O R L D A L L T I G E K V H Y E

G F A W E R K L Z X V B N T I O Y O U

L C R U D F J T H O T Q O Y Y P Z G J

Q P J X Y Z I U L O V E M N C S D G E

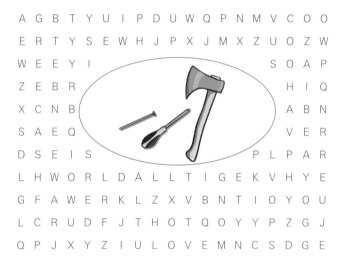

답 127 p

몇 종류의 색 배정으로 구성되어 있을까요?

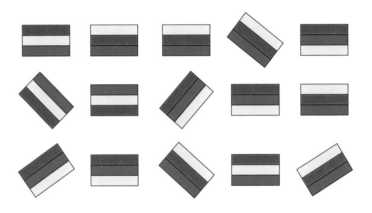

답 127 p

아래 문장을 읽고 틀린 문항을 찾아보세요.

10살인 미나는 분수대 근처에서 캔버스를 펼쳐 놓고 그림을 그리고 있다. 날씨는 흐리지만 비가 올 정도는 아니다. 미나가 서 있는 위치에서 보이는 분수대는 큰 타원형의 커다란 운동장의 끝 언저리에 위치해 있다. 분수는 미나의 키보다 3배는 높게 뿜어 나오고 있었다. 어디선가 귀뚜라미 울음 소리도 아주 크게 잘 들린다. 미나는 4B 연필 한 자루로 분수대를 중심으로 분수대 앞의 네 사람을 스케치했다. 미나가 스케치한 네 명 중 두 사람은 서로 대화 중인 두 청년이었다. 그들 중 한 청년은 날씨가 밝지 않음에도 선글라스를 썼다. 그들은 서로 얼굴을 마주보며 꽤 오랫동안 대화하고 있었다.

또 한 사람은 조깅을 하다가 쉬고 있었다. 그는 목줄을 한 개를 데리고 조깅을 했던 듯하다. 근처에 묶여 있는 개는 남자를 바라보며 계속 혀를 내밀고 있었다. 개가 계속 산만하게 움직이자 쉬던 남자는 개를 향해 갔다. 그리고 분홍색 체육복이라는 간단한 복장으로 산책을 나온 듯한 한 아주머니가 마지막으로 그린 사람이었다. 한 시간 후에 미나는 그림을 완성했다.

① 분수대 근처에는 미나를 포함하여 5명의 사람이 한때 있었다. 그러므로 5명을 그렸을 것이다.

② 선글라스를 쓴 사람이 있는 것으로 보아 날씨가 매우 흐린 것은 아니다. 그냥 산책이나 조깅을 하기에도 적합한 날씨인 것 같다.

③ 그림은 매우 컬러풀하면서도 흐리게 그려졌을 것이다.

④ 근처에 풀밭이 있다.

⑤ 미나는 한 시간 동안의 변화에 대해 정확하게 그림으로 나타내지는 못했다.

답 127 p

아래 오각형에 알맞은 단어는 무엇일까요?

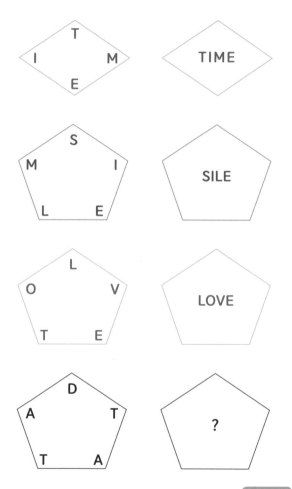

답 127 p

숫자와 색깔이 독특한 8개의 당구공이 있습니다. **?**에 올 숫자를 구해 보세요.

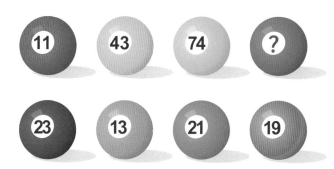

알쏭달쏭한 숫자 맞추기

15개의 숫자를 보고 **?** 에 알맞은 숫자를 구해 보세요.

답 128 p

문장과 숫자

아래 문장에서 숫자와의 규칙을 찾아보세요.

I always have many worries.＝**0422**

You are absolutely independently to act.＝**0534**

We always achieve what we aim for.＝**0627**

They can do the work without fear until tomorrow.＝**?**

?에 알맞은 숫자를 구해 보세요.

답 128 p

아래 청설모 그림은 몇 개의 같은 조각으로 이루어진 것일까요?

답 128 p

과수원과 학교 기호가 있습니다. **?**에 알맞은 그림을
오른쪽에서 찾아보세요.

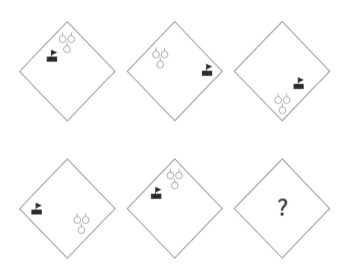

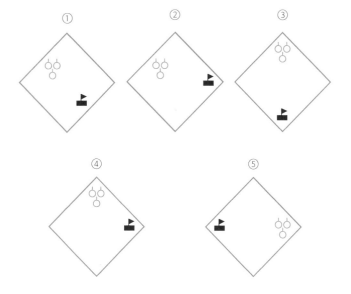

다음 도형에서 크고 작은 사각형의 개수를 모두 구해 보세요.

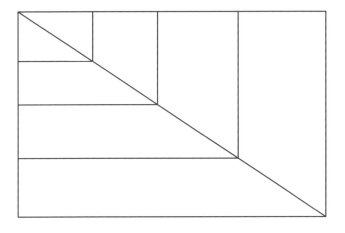

?에 알맞은 숫자는 무엇일까요?

0 4 5 0 3 0
9 1 5 5 2 3
1 0 5 1 ? 8
7 3 5 6 7 4

답 130p

?에 맞는 숫자를 구해 보세요.

답 130 p

정오각형 5개로 별 모양을 만들어 보세요.

문장을 한 번만 읽어보고, 다음 문제에 답해 보세요.

앙케르크 공작은 토끼를 키운다. 그는 집을 세 가지 컬러로 꾸몄고 저택을 둘러싼 숲과 들판의 토끼들이 울타리를 넘어 놀러오기도 했다. 그는 토끼들을 애지중지했고 반려동물인 토끼들을 위해 울타리 너머에는 토끼들의 개별 사육장을 두었다. 앙케르크 공작의 토끼들은 붉은색 눈과 기다란 귀를 가진 토끼가 많았고 토끼들은 밤에 주로 뛰어다녔다.

토끼들의 주식은 들풀을 포함한 목초였고 토끼들의 컬러는 세 가지 이하였다. 털갈이를 할 때는 집안이 털로 뒤덮히기 때문에 보통 울타리 밖에 있는 개별 사육장에서 돌봤다.

상대적으로 귀가 짧은 토끼가 간혹 다른 토끼와 싸움을 해 그럴 때는 앙케르크 공작은 따로 격리해서 지내게 했다. 그는 이웃이 토끼를 원하면 입양시킬 정도로 주변과도 잘 지냈다. 토끼를 입양한 사람들 중에서는 옷을 만들 때 토끼 털을 이용하기도 했다.

다음 중 옳은 문장을 찾아보세요.

① 귀가 짧은 토끼는 싸움을 자주 일으킨다.
② 토끼들은 낮에는 활동을 하지 않는다.
③ 앙케르크 공작은 토끼를 사육용으로 키웠으며, 이
웃에게 나누어 주기도 했기 때문에 식용의 가능성
이 높다.
④ 집 색깔이 한 가지 색이면 토끼들은 모두 색깔이
같다고 할 수 있다.
⑤ 털갈이를 할 때에는 밖에서 키웠다.

답 130 p

?에 들어갈 알맞은 그림을 오른쪽에서 골라 보세요.

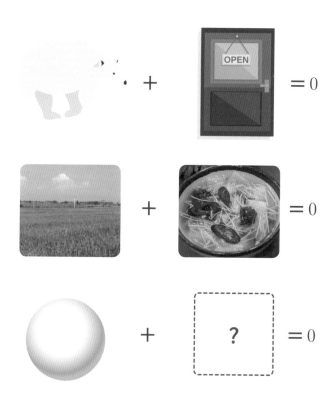

아래 두 개의 퍼즐 판 안의 글자를 회전시켜 보면 완성되는 단어가 있습니다. 무슨 단어일까요?

영단어의 숫자 값에 대해 알아보고, 물음에 답해 보세요.

VITAL=0

WATCH=1

CRIME=2

WEDDING=3

CONVENIENT=?

답 131 p

윤희와 재현이는 여섯 개의 숫자를 모두 이용해 곱셈
식을 만들려고 합니다. 수학 기호는 반드시 1개 이상 사
용해야 합니다. 윤희는 10분 만에 이 문제를 풀었지만
재현이는 30분이 지나도 풀지 못하자 윤희가 힌트를 주
었습니다. 윤희의 힌트는 다음과 같습니다.

두 자릿수×한 자릿수의 곱
셈 계산식이야. 한 자릿수×
두 자릿수의 곱셈 계산식이
라고도 할 수 있지.

394603

곱셈식을 완성하세요.

답 131 p

아래 5개의 한자에서 특성이 다른 하나를 찾아보세요.

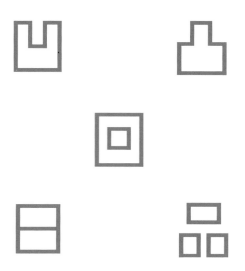

답 131 p

  일부 바이러스에는 항원과 항체가 있습니다. 항원이 있으면 양성이고 그 바이러스에 감염된 것입니다. 반면에 항체가 있으면 그 바이러스에 대해 면역력이 있다는 의미입니다. 민수는 지금까지 여러 항목에 관한 검진을 받았고 대부분은 별 이상이 없었지만 유독 눈에 띠는 항목이 하나 있었습니다. 그 항목만은 항원은 음성, 항체가 양성이라는 결과가 나왔습니다. 그러나 이번 검사 결과에서는 항원의 수치가 예상보다 높게 나왔으며, 항체도 동시에 양성이었기 때문에 놀라지 않을 수가 없었습니다. 이 결과만 놓고 본다면 여러 가지 가능성이 나올 수 있습니다. 다음 문항에서 이번 검사 결과 가능하지 않은 것을 찾아보세요.

① 검사의 결과가 오류이다.
② 희박하지만 바이러스 검사 시기에 항원과 항체가 동시에 대항할 가능성이 있다.
③ 제3의 다른 바이러스가 감염하여 그 항체가 방어할 수 없다는 의미로도 해석된다.
④ 병리사의 실수로 검사에 관한 다른 바이러스 검사 결과와 혼동이 왔다.
⑤ 과거에 감염되었지만 지금 치유가 된 상황이다. 정확한 결과를 알려면 정밀 검사가 필요하다.

답 132 p

연산 퍼즐

아래 연산을 보고 규칙을 찾은 후 문제를 풀어 보세요.

7-8-9 =566300

6-8-11=486601

5-7-11=355502

9-10-11=?

답 132 p

영문과 숫자를 보고 **?**에 알맞은 숫자를 구해 보세요.

069 젓가락 개수

5살 윤철이는 장난을 치다가 젓가락으로 쌓은 탑을 손으로 쳐서 무너뜨렸습니다. 엉망진창이 되었지만 탑을 만들었을 때 몇 짝의 젓가락이 사용되었을까요?

답 132 p

구와 반구 모양이 파인 직육면체를 빨간 화살표 방향으로 자른 후 노란 화살표 방향으로 바라보면 어떤 모양이 되는지 골라 보세요.

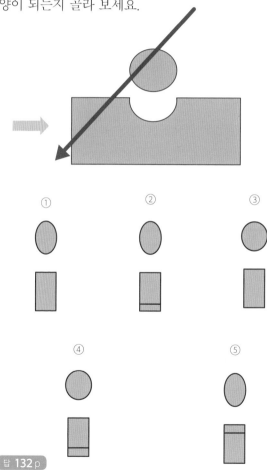

박물관의 전시품에 대한 설명을 읽어보고 옳은 문장을 찾아보세요.

피어리는 지난달 이탈리아의 한 박물관에서 강화 유리창 안에 전시된 전시품을 보았다. 책장에 놓여 있는 전시품은 상당히 인상적이었다. 책장에 대해 설명하자면, 맨 아래 책장의 높이는 1층으로 모두 같지만 2층부터는 높이가 다른 것이 있었다. 너비에 대한 간격은 정연하게 맞추어져, 어그러짐이 없었다. 또한 높이는 적어도 1층을 차지했다. 전체로 보았을 때 책장의 높이는 3층 이하였으며 마차 모형이 놓인 책장 칸 바로 위에는 사진첩만 놓여 있으며 너비가 같았다. 또한 왼쪽에는 반지가 전시되어 있었다. 반지는 사진첩과 높이가 같았다. 사진첩 오른쪽에는 작은 틈새가 있으며 대체로 검게 보였다. 그리고 그 틈새 바로 오른쪽 옆에는 높이가 2층 짜리인 노란 휘장이 있었다. 그 칸 오른쪽에는 비행기 모형이 놓여 있는 칸이 있었고, 호박보석이 있는 칸은 바로 아래 있었다. 그리고 그 아래는 봉제 인형이 전시된 칸이 있었다.

① 반지의 왼쪽에는 틈새가 있다.

② 노란 휘장 아래는 전시품이 없다.

③ 반지의 아래쪽과 마차 모형의 왼쪽에는 분명 어떤 물체가 전시되어 있다.

④ 노란 휘장의 왼쪽에는 마차 모형이 있다.

⑤ 호박 보석의 왼쪽에는 어떠한 물체도 없을 가능성이 있다.

암모나이트 안에 새겨진 연속된 알파벳에서 어떤 규칙에 의해 불필요한 알파벳을 지우면 문장이 만들어집니다. 이 문장을 완성해 보세요.

답 133p

우주선과 별 사이의 규칙을 찾아 **?**에 알맞은 숫자를
구해 보세요.

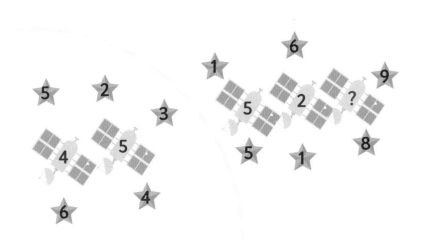

모두 몇 개의 삼각형이 있을까요?

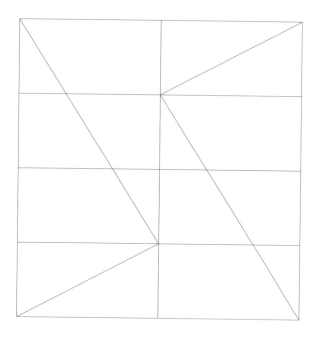

답 133p

몇 종류의 타일 조각으로 구성되었는지 찾아보세요.

076 연동 프로그램

진홍이는 연동 프로그램을 풀어보려 합니다. 이에 앞서 보기를 분석했는데, 출력값을 구하면 얼마인가요?

답 134p

아래 도형들을 보고 패턴을 찾아 **?**에 알맞은 것을 골라 보세요.

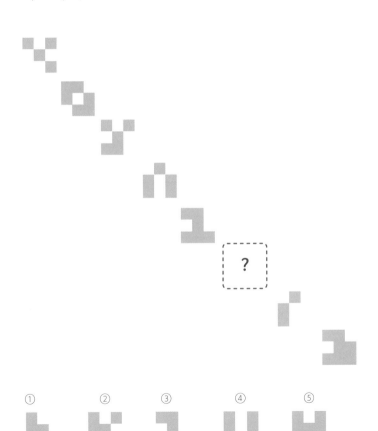

① ② ③ ④ ⑤

동물의 이름은?

7명의 아이들이 한 동물에 대해 이야기하고 있습니다. 그러나 2명의 아이는 그 동물에 대해 잘못 알고 있습니다. 틀린 두 아이는 누구일까요? 또한 대화를 통해 그 동물 이름을 맞춰 보세요.

미선 : 그 동물은 포유류야. 젖을 먹여 새끼를 기르지.

주성 : 중국에서만 팬더가 살 듯이 이 동물도 그 지역에서만 사는 동물이야.

신애 : 물속에서는 아마 살지 못하는 것으로 알고 있어. 이동도 못할 걸.

장원 : 감각 센서가 있어서 먹이를 사냥한다고 해. 좀 징그럽게 보이는 감각기관이야. 위가 없어서 바로 장으로 소화시키는 동물이라고 해.

용덕 : 알을 낳기 때문에 조류 또는 파충류이기도 해. 모습을 보면 더 그렇게 보여.

정원 : 너희들이 얘기하는 이 동물은 이미 멸종했어. 한 지역에서만 산다는 것이 그 증거야.

미정 : 부리가 달려 있는데, 그 모습이 두더지처럼 보여. 이 동물은 두 동물의 이름을 합성한 이름 같아.

수식의 재구성

아래 숫자를 이동하여 수식을 재구성해 보세요.

62.1＝65

답 135 p

아래처럼 개구리 모양의 타일이 여러 개 있습니다. 타일 한 칸의 길이는 1cm입니다. 그렇다면 타일 전체의 넓이는 몇 cm² 일까요?

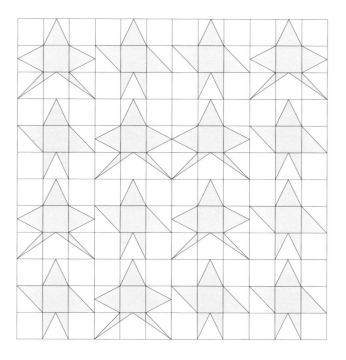

답 135 p

일부가 지워진 암호가 있습니다. 암호를 풀면 어떤 답
이 나올까요?

답 135p

보검이가 뛰고 있는 뜀틀을 보고 다음에 뛰게 될 뜀틀의 **?**를 채워 보세요.

마법사가 가리키는 두루마리의 숫자 배열을 보고, 아래 두루마리의 **?**에 알맞은 숫자를 써 넣으세요.

답 136 p.

084

여섯 동물 중 특성이 다른 동물 하나를 골라보세요.

왼쪽 표의 숫자들 사이의 규칙을 찾은 후, 오른쪽 표
에 있는 **?**에 알맞은 수를 구해 보세요.

답 136p

피아노 건반을 누른 위치에 따라 자전거 하이커의 동작은 3가지로 나눌 수 있습니다. **?**에는 어떤 자전거 하이커의 동작이 올까요?

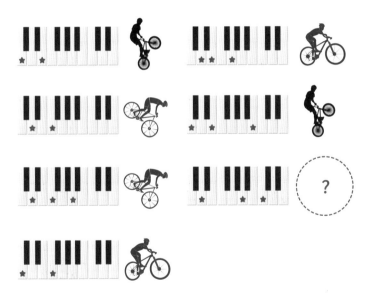

atonement는 보상 또는 죗값을 뜻하는 단어입니다. 이 단어의 순서를 바꾸어 의미가 다른 세 단어로 만들어 보세요.

답 137p

인공지능, 예술가들이란 뜻으로 해석되는 두 개의 단어가 있습니다. 이 단어들을 재구성하여 네 어절의 문장으로 만들어 보세요.

답 137 p

돌고래와 고래

돌고래와 고래 사이의 연산관계를 찾아 **?**에 알맞은 숫자를 구해 보세요.

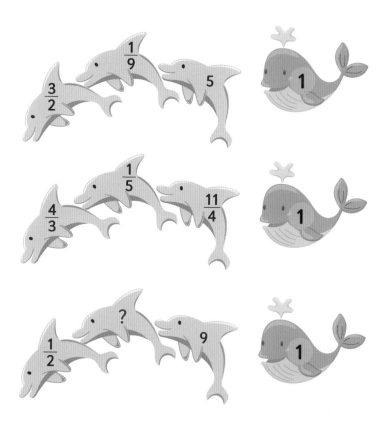

답 137 p

아래 그림에서 꽃을 찾아보세요.

노란색 큐빅에 숨은 단어는 무엇일까요?

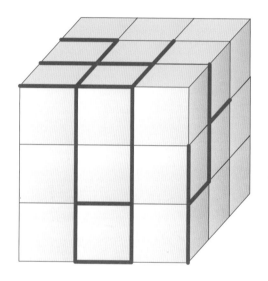

답 138 p

빈 칸에 알맞은 숫자는 무엇일까요?

고장난 전자시계

상욱이는 실수로 전자시계를 물에 빠뜨려 고장이 났습니다. 위부터 순서대로 4817, 5962, 9306이라면 맨 아래 네 자릿수는 무엇일까요?

답 138 p

성냥개비로 105, 평행사변형, 94.52를 구성했습니다.
이것을 몇 번 이동하여 수학식을 만들어 보세요.

아래 한자와 숫자 간의 관계를 찾아 **?**에 알맞은 숫자를 구해 보세요.

小小
小小 　 犬
　　 犬犬 　 㸪 　 龀

0　　3　　4　　?

답 139p

수수깡 5개를 빼서 정사각형 4개를 만들어 보세요.

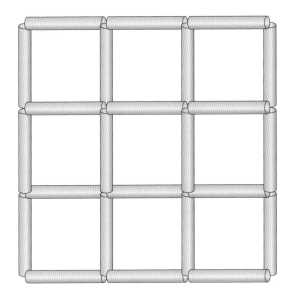

167개를 규칙적으로 쌓은 쌓기나무가 있습니다. 초록 물감통에 이 입체도형을 빠뜨려도 초록색이 묻지 않는 면이 있을 것입니다. 그 면의 개수를 구해 보세요.

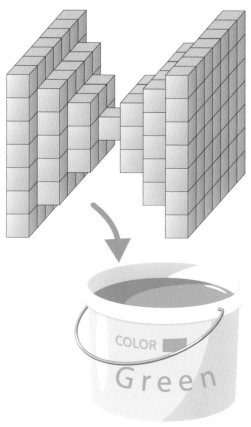

답 139p

일기예보의 기호의 변화를 보고 빈 칸에 알맞은 기호를 찾아보세요.

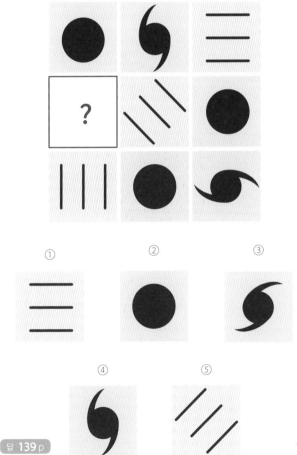

아홉 칸으로 이루어진 배열판이 있습니다. 이 배열판의 빈 칸에 알맞은 그림을 찾아보세요.

①
②
③
④
⑤

3가지 색으로 이루어진 큐빅의 측면 그림들이 있습니다. 이 그림들을 보고 마지막 큐빅에서 두 개의 빈 칸에 올 알맞은 색은 각각 무엇일지 맞춰보세요.

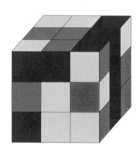

답 140p

풀이 및
답

1

풀이

답 축포

2

답

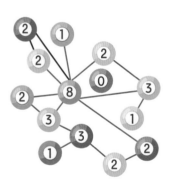

3

풀이

1×3×5에서 1×3, 1×5, 3×5÷5의 값을 각각 차례대로 나열하면 353입니다.

따라서 11×13×15에서 11×13, 11×15, 13×15÷5의 값은 143, 165, 39입니다. 이 숫자들을 이어 쓰면 됩니다.

답 14316539

4

풀이

거꾸로 뒤집어 보세요.

9 뒤의 숫자가 110, 111, 112로 배열되어 있습니다. 그러면 110 앞의 세 자릿수는 109일 것이며, ?는 한 자릿수이므로 109의 십의 자릿수인 0이 됩니다.

답 0

5

답 독서는 지식의 원천이다

6

첫 번째 도형에서 연두색은 A, 노란색은 B, 파란색은 C입니다. ABCBA에서 C는 가운데 위치하며 파란색으로 표기한 것을 확인할 수 있습니다. 두 번째 도형에서는 가운데 C가 가장 바깥으로 이동했습니다. 그리고 가장 바깥에 있던 A는 파란색 C 안으로, 노란색 B는 가운데로 이동했습니다. 따라서 배열은 CABAC입니다.

답 ②

7

왼쪽 그림에서

$2+7+5+10=1\times3\times2\times4=24$입니다. 즉, 왼쪽 숫자들은 모두 더하고, 오른쪽 숫자들은 모두 곱하여 등식이 성립하는 규칙입니다. 따라서 오른쪽 그림을 보면

$5+20+40+55=3\times2\times4\times?=120$

따라서 $?=5$

답 5

8

가운데 벽돌 두 개를 초록 부분으로 칠하여 나타내면, 가운데 초록색을 칠한 부분에는 26과 2가 있습니다. 이 두 수를 나누면 $26\div2=13$입니다. 그리고 빨간 색의 숫자를 모두 더하면 합이 13입니다. 가운데 벽돌 두 개의 숫자를 나눈 수는 그 주위에 있는 벽돌의 숫자를 모두 더한 수와 같습니다.

가운데 초록색을 칠한 부분은

$60\div4=15$, 따라서 빨간색의 숫자 합은 $1+3+2+?+1+3+2+1=15$에서 $?=2$

답 2

9

아래처럼 4종류 문양으로 이루어져 있습니다.

답 4종류

10

중력의 방향을 생각합니다. 처음 그림은 중력 이전의 그림이고, 중력은 두 번째 그림부터 적용되며, 순서대로 하면 ↓, →, ↑입니다. 마지막 그림은 중력이 위에서 작용한다고 생각하고 풀면 다음과 같습니다.

답

11

첫 번째 도형과 오른쪽으로 90도로 회전한 두 번째 도형을 합하면 세 번째 도형이 됩니다. 따라서 **?**에 알맞은 도형은 ②번입니다.

답 ②

12

1부터 9까지의 숫자를 나열한 후 순서대로 선을 그으면 Q자가 됩니다. 따라서 퀸(Queen)을 뽑으면 됩니다.

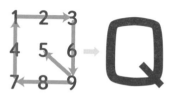

답 트럼프 퀸(Queen)

13

도형의 칸의 크기에 따른 표식은 숫자의 위치를 기준으로 다음과 같습니다.

□	동쪽에 몇 개의 사각형이 있는가?
▭	동쪽과 서쪽에 각각 몇 개의 사각형이 있는가?
▭	동쪽과 서쪽, 남쪽에 각각 몇 개의 사각형이 있는가?
▭	동쪽과 서쪽, 남쪽, 북쪽에 각각 몇 개의 사각형이 있는가?

A는 동쪽에 5개의 사각형이 있고 서쪽

에는 없으며, 남쪽에는 1개의 사각형이 있습니다. B는 동쪽에 사각형이 없으며, 서쪽에는 7개의 사각형이, 남쪽에는 2개, 북쪽에는 없습니다. 단, 답을 써넣을 때는 세로로 쓰면 됩니다. 참고로 세로로 나타낸 표식 4, 3, 0, 1에서 서쪽에 2개 또는 3개의 사각형이 있지만 숫자 3의 위치를 기준으로 서쪽의 사각형의 개수를 세기 때문에 표식의 두 번째 숫자는 2가 아닌 3이 됩니다.

답

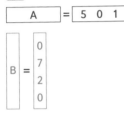

14

위 그림처럼 도형을 5개씩 묶어 한 개의 군을 만들면 도형의 개수가 순서대로는 아니더라도 1, 2, 3, 4, 5가 되는 규칙입니다. 또한 정사각형 그림 형태는 2번, 정삼각형 그림 형태는 3번씩 나타납니다. 보기 ③번은 정사각형 그림 형태가 3개이므로 어긋납니다.

답 ③

15

숫자는 1부터 9까지 9개가 있습니다. 알파벳은 A, B, I, Y, Z의 5개가 있으며 I는 하얀 영문자로 가운데 누워져 있습니다. 한자는 車(차), 了(료), 立(립)자로 3개가 있습니다. 따라서 모두 17개입니다.

답 17개

16

1조각으로 이루어진 삼각형: 8개

3조각으로 이루어진 삼각형: 8개

6조각으로 이루어진 삼각형: 2개

따라서 모두 18개입니다.

답 18개

17

풀이

③번처럼 각 층의 탑을 1개씩 빼게 되면 맨 위에는 구슬이 짝수의 조건에 어긋나므로 옳은 문장입니다. ④번처럼 구슬의 개수에 상관없이 상자를 홀수 개 빼내어도 대칭인 탑을 만들 수 있습니다. 맨 위의 1개의 탑을 빼면 대칭의 좋은 예가 될 수 있습니다. 오직 짝수 개만 빼야 하는 것에 대한 전제가 주어졌기 때문에 틀린 문장입니다. ⑤번은 아래 그림을 보면 6층의 탑을 왼쪽으로 $\frac{1}{2}$칸 이동하고, 7, 8층에 각각 1개씩의 탑을 추가하면 문제의 조건에 맞습니다. 이는 더 많은 수의 짝수 개 탑을 쌓더라도 이는 더 많은 수의 짝수 개 탑을 쌓더라도 가능합니다. 이 문장에 대한 조건은 항상 충족합니다.

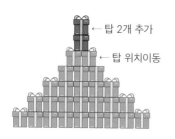

← 탑 2개 추가

← 탑 위치이동

답 ④

18

풀이

동그라미 표시한 그림 외에는 다른 그림은 모두 같습니다.

답

19

풀이

ㄱ13÷31=9   7과 3 사이의 숫자1을 눕힌다.

ㄱ→3÷31=9   3을 분자에 놓는다.

$\frac{3}{ㄱ}$ ÷31=9   31의 3을 분모에 놓는다.

$\frac{3}{ㄱ}$ ÷ $\frac{}{1}$ =9

답 ㄱ$\frac{3}{3}$÷1=9

20

부등호 기호 왼쪽의 세 자릿수에서 백의 자릿수와 일의 자릿수를 더한 후 가운데 십의 자릿수를 빼면 부등호 기호의 오른쪽 숫자가 됩니다. 따라서 ?=7+5-6=6

답 6

21

A~Z까지 알파벳을 나열한 후,
A=1, B=2, C=3, D=4, E=1,
F=2, G=3, H=4, I=1…
로 숫자값을 메기는 규칙을 찾으면 됩니다. 따라서 CGKT= 3334

답 3334

22

5의 배수로 돌릴 때마다 앞면의 모습으로 되돌아옵니다. 따라서 105번을 시계 방향으로 돌리면 원래 앞면의 모습이 되며, 108번째 그림을 알기 위해서는 3번만 시계 방향으로 돌린 모습을 찾으면 됩니다.

답 ⑤

23

2층에 쌓인 빵 조각들을 틈을 벌린 후 그림처럼 오른쪽으로 이동한 뒤, 1층의 빵 조각들을 벌린 틈 사이에 넣으면 EVERYTHING이라는 단어가 재조합됩니다.

답 EVERYTHING

24

첫 번째 그림은 sign, 두 번째 그림은 money, 세 번째 그림은 information, 네 번째 그림은 love, 다섯 번째 그림은 error입니다. 따라서 5개의 영단어의 이니셜을 붙이면 smile이 됩니다.

답 smile(대문자 SMILE도 가능)

25

답

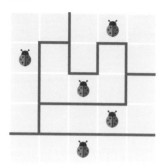

26

답

27

풀이

빨간 구슬은 0, 초록 구슬은 1, 노란 구
슬은 2입니다.

답

$$\begin{array}{r} 102 \\ \times\ 11 \\ \hline 1122 \end{array}$$

28

풀이

시침과 분침의 곱에서 초침을 뺍니다.
$10 \times 2 - 8 = 12$

답 12

29

풀이

핸드볼은 단체 경기이며, 나머지는 개
인 경기입니다.

답 핸드볼

30

답

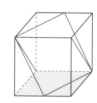

31

풀이

키보드의 자음 'ㅁ'의 위치에서 오른쪽
으로 한 블록씩 이동하면 ㅁ, ㄴ, ㅇ, ㄹ,
ㅎ이 되는 것을 알 수 있습니다. 따라서
빈 칸에 알맞은 자음은 'ㅎ'입니다.

답 ㅎ

32

알파벳을 나열하여 그 순서를 알고 더합니다.
PANDA＝16＋1＋14＋4＋1＝36
FOX＝6＋15＋24＝45
DOG＝4＋15＋7＝26
PIG＝16＋9＋7＝32

답 32

33

remit를 재구성하여 merit를 만들 수 있습니다. merit는 장점이란 뜻으로 많이 쓰이는 단어입니다.

답 merit

34

답 ④

35

노란 원은 반시계 방향으로 1, 3, 5, 7, 9칸 이동했고, 빨간 원은 시계 방향으로 1, 2, 3, 4, 5칸 이동했으므로 여섯 번째 그림은 다음과 같습니다.

답

36

답 10개

37

②번은 원의 개수가 홀수 개인 3개이며, 나머지는 짝수 개입니다.

답 ②

38

맨 위의 2, 1, 4, 7을 보면 맨 앞의 숫자와 맨 뒤의 숫자를 곱하면 두 번째와 세 번째 수 14가 되는 것을 알 수 있습니다. 맨 아래 문제는 8×5＝40이므로 **?**＝4입니다.

답 4

39

화살표 왼쪽의 수를 세 번 곱한 후 그
수를 한번 뺍니다.
$2 \rightarrow 6$에서 $2 \times 2 \times 2 - 2 = 6$이므로 화
살표가 가리키는 수는 6입니다.
따라서 **?** $= 6 \times 6 \times 6 - 6 = 210$

답 210

40

자음과 모음을 의미에 맞게 정리하여
단어를 만들면 고드름, 눈사람, 눈썰매
가 됩니다. 이것을 연상시키는 단어는
겨울입니다.

답 겨울

41

각 행의 합은 항상 25이므로 문제의 마
지막 5행에서
$4 + 9 + 3 + ? + 6 = 25$, **?** $= 3$

답 3

42

알파벳 E의 개수를 묻는 문제입니다.
따라서 RESURRECTION의 E의 개수
는 2입니다.

답 2

43

답

44

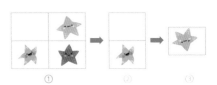

답 ④

126

정사각형은 한자의 입구 자와 비슷한 모양입니다. 배에도 입구 자가 있는 것과 같으며 그림 圖자는 몸이라는 한글 안에 정사각형이 있고, 그 글자를 둘러싼 것도 입구(口)자입니다. 따라서 그림을 의미하는 圖는 화가가 범인임을 암시합니다.

답 ④

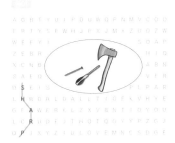

줄로 이은 단어는 SHARP(예리한)입니다.

답 SHARP

3종류의 색 배정으로 구성되어 있습니다.

답 3종류

①번은 분수대 근처지만 분수대가 높기 때문에 뒤에 더 있을 수 있습니다. 그리고 한 시간 동안 더 많은 사람이 분수대 앞을 지나갔다면 더 그릴 수도 있습니다. 따라서 틀린 문장입니다. ③번은 4B연필로 그린 데생화는 컬러풀할 수 없습니다.

답 ①, ③

왼쪽 도형의 단어가 자음-모음-자음-모음- …의 반복으로 구성되면 단어가 완성됩니다. TIME은 자음-모음-자음-모음의 순이므로 빠지는 문자 없이 완성됩니다.
문제에서 DATTA는 자음-모음-자음-자음-모음이므로 순서에 맞게 자음 T를 빼면 DATA가 되어 완성됩니다.

답 DATA

50

11＋23은 11＋32로 놓고 계산합니
다. 즉 11＋23＝11＋32＝43입니다.
그리고 43＋13＝43＋31＝74입니다.
따라서 74＋21＝**?**에서
74＋21＝74＋12＝86입니다.

답 86

51

위 그림처럼 점선 안을 보면 윗줄에 있
는 숫자와 가장 아랫줄에 있는 숫자를
그대로 읽으면 42입니다. 그리고 둘째
줄과 셋째 줄의 두 숫자는 그대로 읽으
면 42의 $\frac{1}{2}$인 21입니다. 모든 열에 해
당하는 사이에는 이와 같은 규칙이 있
으므로 마지막 4열의 숫자의 38에 대
한 $\frac{1}{2}$은 19가 되어 **?**＝1입니다.

답 1

52

네 자릿수 중에서 앞의 두 자릿수는 문
장 간격의 수입니다. 그리고 뒤의 두 자
릿수는 문장에 쓰인 알파벳의 총 개수
입니다. 따라서 0840입니다.

답 0840

53

위 그림처럼 두 수를 더한 후 세 번째
수로 나누는 규칙입니다.
따라서 다음과 같습니다.
(21＋12)÷3＝33÷3＝11

답 11

54

답 5조각

55

지도판을 위의 그림처럼 생각하여, 초록 부분을 빼면 8칸으로 구성된 것을 알 수 있습니다.

학교 기호는 시계 방향으로 3칸, 1칸, 3칸, 1칸, …이동하는 패턴입니다. 과수원 기호는 반시계 방향으로 1칸, 3칸, 1칸, 3칸, … 이동하는 패턴입니다.

답 ②

56

1칸짜리 사각형은 6개입니다.

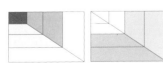

2칸짜리 사각형은 5개입니다.

3칸짜리 사각형은 2개입니다.

4칸짜리 사각형은 1개입니다.

6칸짜리 사각형은 1개입니다.

8칸짜리 사각형은 1개입니다.

따라서 $6+5+2+1+1+1=16$개입니다.

답 16개

57

네 등분으로 나누었을 때 왼쪽 윗 부분에서 1행의 045와 2행의 915가 보입니다. 2행의 915는 $9 \times 1 \times 5 = 45$, 1행에 있는 045는 45를 의미합니다. 즉 아래 행의 숫자들의 곱이 윗 행의 숫자의 결과값이 됩니다.

이를 적용하면 **?** 부분은 $6 \times 7 \times 4 = 168$로 1**?**8이므로 알맞은 숫자는 6입니다.

답 6

58

전체 그림을 3등분으로 나누어 봅시다. 맨 왼쪽의 그림에서 2, 3, 4, 1, 9의 5개의 숫자에서 3개의 숫자를 선택한 후 더하면 $2 + 3 + 9 = 14$입니다. 나머지 2개의 숫자는 1, 4이며 그대로 읽으면 14가 됩니다. 마찬가지 방법으로 가운데 그림도 $7 + 5 + 1 = 13$이 됩니다. 문제에서는 $8 + 7 + 4 = 19$이므로 **?** = 9입니다.

답 9

59

60

①~③번까지는 일부의 사실을 전체적인 것처럼 설명했으므로 오류입니다. ④번도 확인할 수 없는 문장입니다. 집 색깔이 한 가지라도 토끼의 색깔이 한 가지라는 것도 직접적으로 상관

관계가 없기 때문입니다. ⑤번에서 털갈이를 할 때 개별 사육장에서 키웠다면 울타리를 벗어나 밖에서 키웠다는 것을 알 수 있습니다.

답 ⑤번

61

'곰'이라는 글자를 거꾸로 뒤집으면 '문'입니다. '논'이라는 글자도 거꾸로 하면 '국'입니다. 등식의 좌변에 있는 두 그림은 서로 뒤집는 글자로 구성되어 있습니다. 따라서 '공'을 거꾸로 하면 '운'이 됩니다. '운'은 추상적인 단어이며, 네잎 클로버를 찾으면 됩니다.

답 ③

62

답

63

알파벳 B, C, D, G, J, O, P, Q, R, S, U는 곡선 모양이고 이것들을 제외한 나머지 15개의 알파벳은 직선으로만 구성되었습니다.

숫자값 0, 1, 2, 3은 곡선 형태를 가진 알파벳의 개수를 의미합니다. 따라서 CONVENIENT는 C와 O가 곡선 형태의 알파벳으로, 2개이므로 정답은 2입니다.

답 2

64

답 $34 \times 9 = 306$ 또는
$9 \times 34 = 306$

65

품자는 직각이 12개이고, 나머지는 8개입니다.

답 品

④의 가능성은 거의 없습니다. 수치가 결과에 기입되었다면 다른 바이러스 검사 결과 또한 이상일 가능성이 있지만 다른 검사항목은 이상이 없습니다. 그리고 각각의 기준치가 다르기 때문에 다른 것이 정상이면 이 바이러스 검사 결과만 오류입니다. 한 항목만 검사오류가 있을 가능성이 큽니다.

답 ④

7-8-9에서 7×8, 7×9의 값인 56과 63은 여섯 자릿수의 결과값에서 앞의 네 자릿수를 나타냅니다. 남은 두 자릿수를 구하는 방법은 8×9=72에서 이 수를 3으로 나눈 나머지입니다. 즉 나머지는 0이며 0을 두 자릿수인 00으로 나타낸 것입니다. 아래 두 개의 식도 나머지가 각각 1과 2임을 알 수 있습니다.

문제를 풀면 9-10-11에서 9099의 네 자릿수는 나타내며 나머지 두 자릿수는 10×11=110에서 110을 3으로 나눈 나머지가 2이므로 02입니다. 따라서 909902가 됩니다.

답 909902

아래 달력을 보면 빨리 파악할 수 있습니다. 문제를 풀 때는 달력을 그리면서 풀어보는 것이 수월합니다.

SUN	MON	TUE	WED	THU	FRI	SAT
			1	2	3	4	5
6	7	8	9	10	11	12
13	14	15	16	17	18	19
20	21	22	23	24	25	26
27	28	29	30	31		

문제에서 보이는 영문은 요일이며 앞 글자 2개를 의미합니다. WE09는 수요일과 9일을 의미합니다. 따라서 문제에서 27은 일요일이므로 SU입니다.

답 SU

답 10짝

구는 어느 방향으로 잘라도 항상 원 모양입니다. 그리고 직육면체의 자른 단면은 윗부분이 더 넓습니다.

답 ④

71

아래 그림처럼 설명대로 배치할 수 있습니다.

답 ②

72

우선 알파벳을 나열합니다. 그리고 4의 배수에 해당하는 알파벳을 지운 후 문장을 다시 만듭니다.

IFELLTVBAGUMELYNAMUTSEDE.

4의 배수에 위치한 4, 8, 12, 16, 20, 24번째의 빨간색으로 표시된 알파벳을 지운 후 문장에 맞게 띄어쓰기를 해서 재구성합니다.

I FELT VAGUELY AMUSED.

답

I FELT VAGUELY AMUSED.

73

왼쪽 그림에서 우주선끼리의 곱은 별끼리의 합과 같습니다.

$4 \times 5 = 5 + 2 + 3 + 4 + 6 = 20$입니다.

따라서 $5 \times 2 \times ? = 1 + 6 + 9 + 8 + 1 + 5$

에서 **?** = 3

답 3

74

1칸짜리 삼각형: 8개

2칸짜리 삼각형: 4개

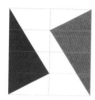

3칸짜리 삼각형: 4개

4칸짜리 삼각형: 2개
따라서 삼각형의 개수는
8+4+4+2＝18개입니다.

답 18개

75

흰색 : 1칸, 2칸, 3칸의 3종류
검은 색 : 1칸, 2칸, 3칸, 4칸의 4종류
회색 : 1칸, 2칸, 3칸의 3종류
노란 색 : 1칸, 2칸, 3칸, 4칸의 4종류
따라서 3+4+3+4＝14

답 14종류

76

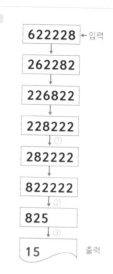

①에서 6과 8이 한 칸씩 각각 오른쪽
과 왼쪽으로 이동하면서 8이 6보다 큰
수이므로 8은 왼쪽으로 1칸 이동하
고, 6은 제거되고 그 자리에 2가 됩니
다. ②에서 8 뒤의 2는 5개이므로 825
로 표기합니다. 마지막 단계로 ③은 각
자릿수에서 나타내는 숫자의 합으로
8+2+5＝15입니다.

답 15

77

정사각형 1개의 넓이를 1로 하면, 순서대로 4, 6, 5, 5, 6, ?, 3, 7로 나열이 됩니다. 여기서 4, 6을 하나로 합하면 넓이가 10입니다. 5와 5를 합해도 같으며 3, 7도 마찬가지입니다. 따라서 두 숫자를 하나로 합하면 넓이가 10이어야 하므로 6+?=10에서 ?=4. 넓이가 4인 도형을 보기에서 찾으면 됩니다.

답 ①

78

이 동물은 호주에 서식하는 동물인 오리너구리입니다. 신애와 정원이의 의견은 틀렸습니다. 오리너구리는 포유류, 조류, 파충류의 특성을 가진 단공목입니다. 알을 낳으면서도 새끼에게 젖을 먹이며 부리의 센서가 매우 발달하여 고래와 같이 포유류 중에는 특이합니다. 원시적인 동물이면서 멸종되지 않은 드문 동물이기도 합니다.

답 신애, 정원, 오리너구리

79

답 $6\frac{1}{2}=6.5$

80

위의 두 타일 모양으로 구성되어 있으며, 왼쪽에 있는 타일과 오른쪽에 있는 타일의 넓이는 $3cm^2$으로 같습니다. 따라서 모두 16개로 구성되어 $3cm^2 \times 16 = 48cm^2$

답 $48cm^2$

81

대칭을 이용해 지워진 부분을 완성한 후 오른쪽으로 90° 회전하여 연산을 풀면 됩니다.

배고픈
→
풀어라5를

읽어보면 '풀어라. 5−2= '이라는 문제입니다. 따라서 정답은 3입니다.

답 3

82

위의 그림을 보면 751에서 152를 빼는 것이 아니고, 152를 좌우로 바꾸어서 251로 나타내어 빼면 500이 됩니다. 즉 751−251=500

아래 그림도 마찬가지로 302−107=195이므로 빈 칸의 숫자는 9입니다. 또한 427−212=215가 되어 빈 칸에는 1이 됩니다.

답 순서대로 9 , 1

83

2	5	3
1	4	7
1	3	2

빨간색으로 칠해진 부분의 숫자의 합을 계산하면 2+5+3+4= 14입니다.

흰색 부분의 숫자의 합은 1+1+3+2+7=14입니다. 이는 덧셈을 이용하여 나눈 것입니다.

5	6	1
1	2	8
2	?	2

문제에 대한 답도 같은 방법으로 구하면, 빨간색 부분의 숫자의 합은 14입니다. 따라서 흰색인 부분의 숫자의 합도 14가 되어야 합니다. 1+2+**?**+2+8=14, **?**=1

답 1

84

해파리는 무척추 동물이고, 나머지는 척추 동물입니다.

답 해파리

85

주황색 칸의 숫자들의 합은 갈색 칸의 숫자들의 합과 같습니다. 따라서 2+**?**+0+4+6=3+4+5+8이므로 **?**=8

답 8

86

도미솔시에 있는 건반을 동시에 누르면 상승하는 동작, 레파라도에 있는 건반을 동시에 누르면 하강하는 동작이 됩니다. 한편 도미솔시에 있는 건반과 레파라도의 건반을 동시에 누르면 정지하는 하이커의 동작이 됩니다. 따라서 문제에서는 레라도를 묻고 있는데, 레라도는 레파라도에 있는 건반을 같이 누른 것이기 때문에 하강하는 동작이 됩니다.

답 하강하는 동작

87

개미, 사람들, 발가락의 세 단어로 나누어집니다. 순서는 달라도 세 단어가 맞으면 정답입니다.

답 ant, men, toe

88

답 IT IS A STAR.

89

가로로 세 마리의 돌고래를 보면 첫 번째와 두 번째 돌고래의 역수를 곱한 후, 세 번째 돌고래의 숫자를 빼면 고래가 나타내는 숫자 1이 됩니다.

$$\frac{2}{3} \times 9 - 5 = 1$$

따라서 세 번째 행의 수학식은 $2 \times \frac{1}{?} - 9 = 1$, $\frac{1}{?} = 5$, 따라서 **?** $= \frac{1}{5}$

답 $\frac{1}{5}$

90

답

91

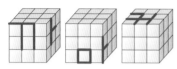

한 면씩 잘게 보면 까마귀라는 단어가
보입니다.

답 까마귀

92

네 개의 나열된 수에서 24, 25, 27,
30이 보일 것입니다. 이 숫자들은 1,
2, 3씩 커지는 것을 알 수 있으며, 2,
2, 4, 12도 마찬가지로 2가 1배, 2배,
3배로 커지는 것을 알 수 있습니다. 따
라서 다섯 번째 수는 뒤의 숫자가 30보
다 4 큰 수이며, 앞의 숫자는 12보다 4
배 큰 수인 48이므로 4834가 됩니다.

$$\begin{array}{ccccc} {}^{+1} & {}^{+2} & {}^{+3} & {}^{+4} \\ 2\underline{24}\ 25\underline{2}\ 4\underline{27}\ 30\underline{12}\ 4834 \\ {}_{\times 1} & {}_{\times 2} & {}_{\times 3} & {}_{\times 1} \end{array}$$

답 4834

93

고장으로 인해 맨 앞의 수는 왼쪽 위가
표시되지 않고, 두 번째 수는 오른쪽 아
래가 표시되지 않습니다. 세 번째 수는
표시될 숫자를 뺀 나머지 부분만 나타
납니다. 네 번째 수는 맨 위 그림부터
보았을 때 아랫부분인 **ı**, **ᴄ**, **ᴏ**이 나타
나지 않았으므로 유추하면 **ᴢ**도 나타나
지 않을 수 있습니다.
따라서 마지막 그림의 네 번째 숫자
는 **5** 또는 **6**이 가능합니다.

답 5635 또는 5636

94

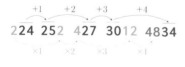

숫자 사이의
간격을 벌린다.

평행사변형의
두 변을 이동하여
분수를 나타낸다.

4개의 성냥개비로
등호를 만든다.

답

$10/5 = 9/4.5 = 2$

또 다른 표시방법도 있습니다.

$$\frac{10}{5} = \frac{9}{4.5} = 2$$

95

한자의 획을 선분으로 보면 맨 앞의 한 자인 '적을 소'는 교점이 없습니다. 따라서 0입니다. 두 번째 한자인 '개달아 나다 표'는 교점이 3개입니다. 세 번째 한자인 '근심할 우'는 교점이 4개입니다. 따라서 문제에서 묻는 '웃을 색'자는 교점이 9개입니다.

답 9

96

답

97

각 면에 따른 검은 물감이 묻지 않는 면의 개수는 다음과 같습니다.

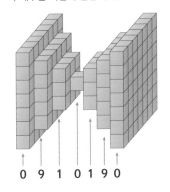

0 9 1 0 1 9 0

따라서 초록 물감이 묻지 않는 쌓기나무의 개수는 $0+9+1+0+1+9+0=20$입니다.

답 20개

98

9개의 일기예보 기호를 보면, 수평선, 수직선으로 같은 기호가 나타나지 않습니다. 또한 대각선으로 동일한 기호가 나오면 방향이 다른 기호여야 합니다. 흐림을 나타내는 기호 ●는 어느 방향으로 회전해도 같은 기호이므로 항상 같습니다. 전체적으로 태풍 기호가 한 개 빠진 것을 알 수 있으며, 그 기호를 시계 방향 또는 반시계 방향으로 45도로 회전한 것이 정답이 됩니다. 정답은 2개가 되지만 보기에서 해당하는 정답은 1개입니다.

답 ③

99

풀이

배열판 안의 그림의 명칭은 아래처럼 글자 수대로 그림이 구성되어 있습니다.

	2	3
2	3	1
3	1	2

빈 칸에는 1이 알맞으며, 원숭이, 염소, 닭의 동물이 3개 나열되었고, 필통, 자, 지우개의 학용품이 나열되었습니다. 오로라, 빙하가 있으므로 북극과 남극을 연상시키는 것은 ⑤번 눈입니다. 따라서 ⑤번 눈이 정답입니다.

답 ⑤

100

풀이

3개의 큐빅을 잘 관찰하면 검은색, 빨간색, 노란색이 9번씩 칠해졌습니다. 따라서 마지막 큐빅에는 검은색이 8번, 빨간색이 8번, 노란색이 9번 칠해졌으므로, 검은색 1개와 빨간색 1개를 칠하면 완성됩니다.

답

또는